全国高级技工学校电气自动化设备安装与维修专业

自动控制技术（第二版）习题册

李国伟　主编

中国劳动社会保障出版社

简　介

本习题册为全国高级技工学校电气自动化设备安装与维修专业教材《自动控制技术（第二版）》的配套用书。本习题册按照教材章节顺序编写，内容紧扣教学要求，知识点分布均衡，题型丰富多样，习题难易适中，有助于学生复习巩固所学知识。

本习题册由李国伟任主编，孙华、马坤、吕学宾、牛林参与编写。

图书在版编目(CIP)数据

自动控制技术（第二版）习题册 / 李国伟主编 . -- 北京：中国劳动社会保障出版社，2022
全国高级技工学校电气自动化设备安装与维修专业
ISBN 978-7-5167-5382-8

Ⅰ. ①自…　Ⅱ. ①李…　Ⅲ. ①自动控制 – 技工学校 – 习题集　Ⅳ. ①TP273-44

中国版本图书馆 CIP 数据核字（2022）第 203418 号

中国劳动社会保障出版社出版发行
（北京市惠新东街 1 号　邮政编码：100029）
*
北京昌联印刷有限公司印刷装订　　新华书店经销

787 毫米 ×1092 毫米　16 开本　2.5 印张　58 千字
2022 年 12 月第 1 版　　2025 年 11 月第 4 次印刷
定价：7.00 元

营销中心电话：400-606-6496
出版社网址：http://www.class.com.cn
http://jg.class.com.cn

目　　录

第一章　自动控制的基本概念

§1-1　人工控制与自动控制

一、填空题

1．人直接参与生产机械或设备的控制方式称为________________，用某种装置代替人的操作的控制方式称为________________。

2．任何一个控制系统，都由____________和____________两部分组成。

二、判断题

1．在工业生产过程或生产设备运行中，为了维持正常的工作条件，往往需要对某些物理量进行控制，使其尽量维持在某个数值附近或使其按一定规律变化。　　（　　）

2．在人工控制水位保持恒定的供水系统中，水位是被控制的对象，简称对象。（　　）

3．在自动控制系统中，控制的目的是要尽量减小误差，使被控量尽可能地保持在期望值附近。　　（　　）

三、选择题

1．图 1–1 所示的自动控制系统中，浮子、连杆、电位器和电动机均属于（　　）。

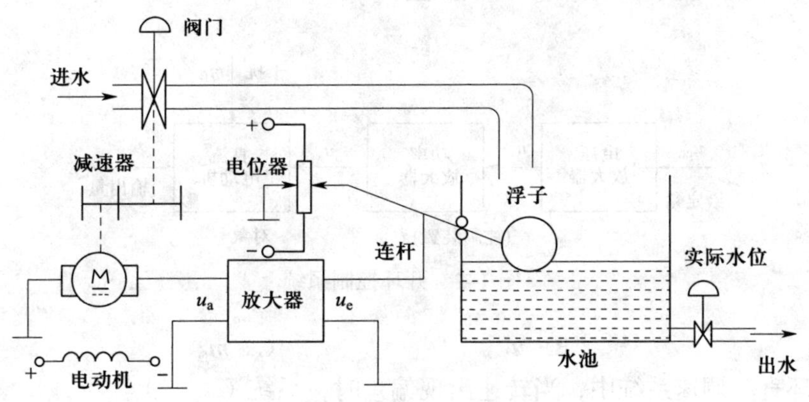

图 1–1　水位自动控制系统

A．控制器　　B．控制对象　　C．以上均不对

2．在图 1–1 中，当用水量增大时，进水阀门的开度将（　　）。

A．增大　　B．减小　　C．不变

四、简答题

1．什么是自动控制？

2．人工控制与自动控制有什么区别？

§1-2　开环控制

一、填空题

1．控制系统可分为____________系统和____________系统两大类。

2．开环控制系统没有________的能力，故控制精度较________。

二、判断题

1．开环控制系统的输出端和输入端之间不存在反馈回路，故控制精度低。（　　）

2．开环控制的精度主要取决于给定的精度。（　　）

3．只有给定元件、执行元件等环节而没有比较环节和反馈环节的控制系统，称为开环控制系统。（　　）

三、选择题

1．图1–2所示系统中，（　　）为被控量。

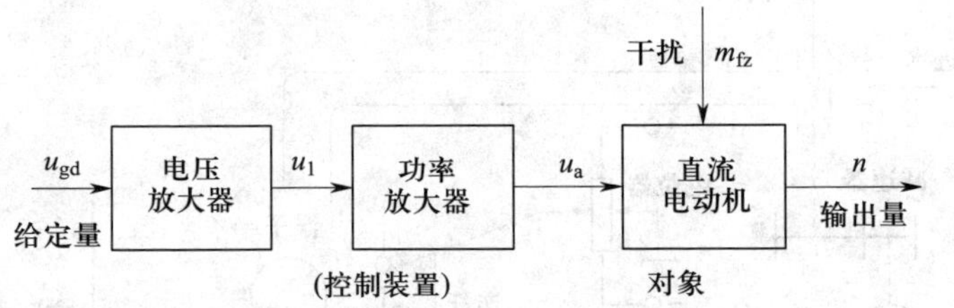

图1–2　开环控制系统

A．u_{gd}　　B．u_1　　C．m_{fz}　　D．n

2．在开环直流调速系统中，当转速出现偏差时，系统（　　）。

A．不能消除偏差　　B．能消除部分偏差　　C．能完全消除偏差

四、简答题

1．什么是开环控制系统？简述其优缺点和适用范围。

2．试列举几个日常生活中遇到的开环控制的例子。

§1-3　闭环控制

一、填空题

1．从系统输入量至输出量之间的信号传输通道称为________通道，而从输出量至反馈信号之间的信号传输通道称为________通道。

2．通过________使系统形成闭合环路，并按________的性质产生控制作用，以减小或消除偏差的控制系统，称为闭环控制系统。

二、判断题

1．控制系统不管采用正反馈还是负反馈都可以纠正偏差，实现自动控制。（　　）

2．闭环控制系统相对于开环控制系统来说，控制精度更高。（　　）

三、选择题

1．（　　）控制系统适用于精度要求不高的控制系统。

A．闭环　　B．双闭环　　C．开环

2．某物理量负反馈的作用是使该物理量保持（　　）。

A．增强　　B．稳定　　C．减弱

四、简答题

1．什么是自动控制系统？其具有哪些特征？

2．闭环调速系统中，当给定电压不变时，减小电动机所带负载，电动机的转速将如何变化？请说明其变化过程。

3．试列举几个日常生活中遇到的闭环控制的例子。

§1-4　自动控制系统的组成

一、填空题

1．自动控制系统通常由测量反馈元件、______________、放大元件、校正元件、执行元件以及______________等基本环节组成。通常还把除被控对象外的所有元件合并在一起，称为______________。

2．取自系统输出端，并反向送回系统输入端的信号称为______________。

二、判断题

1．校正元件的作用是比较输入信号与反馈信号，并产生反映两者差值的偏差信号。（　　）

2．偏差信号即误差信号，是指系统输出量的实际值与期望值之差。（　　）

3．扰动信号与系统控制的作用相反，是破坏系统稳定的不利因素。（　　）

4．只有给定元件、执行元件等环节，而没有比较环节和反馈环节的控制系统，称为开环控制系统。（　　）

5．在开环控制系统中，由于对系统的输出量没有任何闭合回路，因此系统的输出量对系统的控制作用没有直接影响。（　　）

三、选择题

1．与开环控制系统相比较，闭环控制的特点是系统有（　　）。

A．执行元件　　B．控制对象　　C．放大元件　　D．反馈元件

2．下面关于开环控制系统的叙述，正确的是（　　）。

A．需要反馈元件组成反馈环节　　B．不存在稳定性问题

C．应用于转速精度要求较高的场合　　D．多数采用负反馈

3．（　　）的作用是把反馈信号与给定信号进行叠加，把叠加后的微小信号送到放大元件进行放大。

A．比较元件　　B．执行元件　　C．放大元件　　D．反馈元件

四、简答题

1．自动控制系统由哪些环节组成？它们在控制过程中担负着什么功能？

2．简述偏差信号和误差信号的联系与区别。

§1-5 自动控制系统的分类

一、填空题

1．自动控制系统根据有无反馈装置可分为________和________两大类；根据组成元件是线性元件还是非线性元件，可分为________和________两大类；根据传递信号是时间连续信号还是时间离散信号，可分为________和________两大类。

2．按照输入信号变化的规律，可将自动控制系统分为三类，即________、随动控制系统和程序控制系统。

二、判断题

1．恒值控制系统能根据偏差的性质产生控制作用，使被控量以一定的精度恢复到期望值附近。（　　）

2．随动控制系统的输入信号是预先知道的随时间任意变化的函数。（　　）

3．水位控制系统属于恒值控制系统。（　　）

三、简答题

1．什么叫恒值控制系统？试举例说明。

2．什么叫随动控制系统？试举例说明。

3．什么叫程序控制系统？试举例说明。

第二章　自动控制系统的应用实例

§2-1　恒值控制系统的应用实例

一、填空题

1．蒸汽机转速自动控制系统中，蒸汽机是____________________，蒸汽机的转速 n 是____________________。

2．在图 2–1 所示蒸汽机转速自动控制系统框图中，A 是指______________________，B 是指______________________。

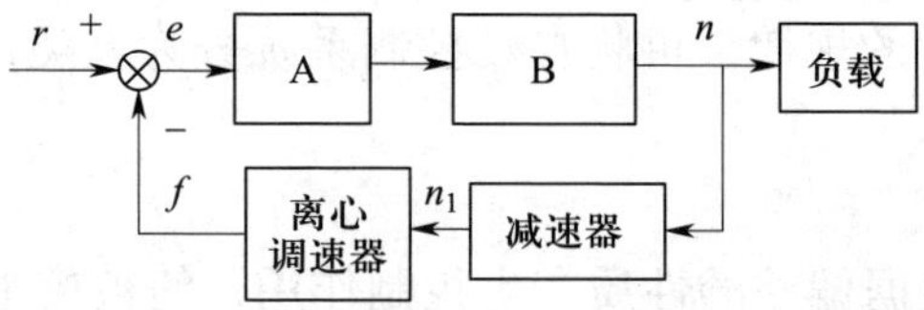

图 2–1　蒸汽机转速自动控制系统框图

3．炉温自动控制系统是一个带________________装置的________________控制系统。

4．炉温自动控制系统的输入信号是____________，输出信号是____________。

二、判断题

1．蒸汽机转速自动控制系统是一个开环控制系统。　　（　　）

2．炉温自动控制系统的炉温是被控量。　　（　　）

三、选择题

1．当蒸汽机转速自动控制系统中负载减小而引起转速 n 增大时，恒值控制系统的最终结果是使蒸汽机的转速（　　）。

A．持续下降　　B．持续上升

C．自动回升至期望值　　D．下降后保持不变

2．当炉温自动控制系统中的炉膛温度由于某种原因（干扰）而下降时，恒值控制系统的最终结果是使炉膛温度（　　）。

A．持续下降　　B．持续上升

C．自动回升至期望值　　D．下降后保持不变

3．在炉温自动控制系统中，（　　）不是系统的干扰。

A．电网电压波动　　B．炉门开闭　　C．给定电压 u_{gd}

四、简答题

1．简述蒸汽机转速自动控制系统的工作原理。

2. 简述工业炉温自动控制系统的工作原理，指出被控对象、被控量和给定量，并画出系统框图。

3. 图 2–2 所示为水温控制系统原理图。冷水在热交换器中由通入的蒸汽加热，从而得到一定温度的热水。冷水流量变化用流量计测量。试绘制系统框图，并说明为了保持热水温度恒定，系统是如何工作的。系统的被控对象和控制装置各是什么？

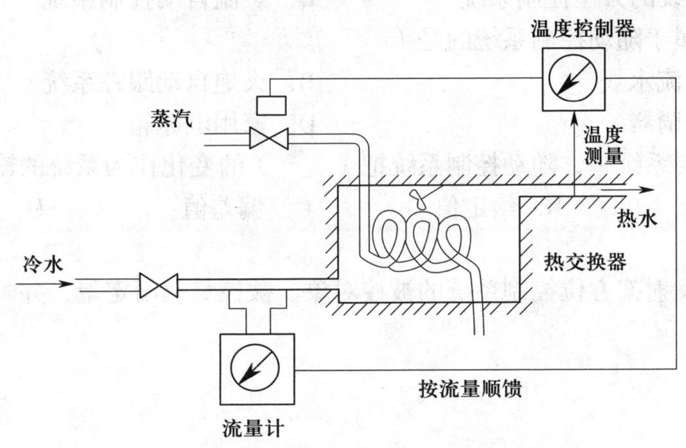

图 2–2　水温控制系统原理图

§2-2 随动控制系统的应用实例

一、填空题

1．随动控制系统又称为＿＿＿＿＿＿＿＿系统，也称为＿＿＿＿＿＿＿＿系统。

2．随动舵本质上属于角度跟踪随动系统，亦具有＿＿＿＿＿＿＿的作用。

3．火炮、雷达天线的方位控制系统，采用＿＿＿＿＿＿＿作为角度检测装置。

二、判断题

1．在导弹发射架方位控制系统中，导弹发射架跟随摇动手轮的变化而变化。（　　）

2．船舶随动舵控制系统中，比较环节的作用是进行相除运算。（　　）

3．火炮方位角控制系统的自整角机运行于变压器状态。（　　）

三、选择题

1．导弹发射架方位控制系统中，在（　　）情况下，电动机带动导弹发射架停止转动。

A．$\theta_i > \theta_o$　　B．$\theta_i = \theta_o$　　C．$\theta_i < \theta_o$

2．下列关于随动舵的描述不正确的是（　　）。

A．可减轻操舵人员的劳动强度　　B．舵叶能够跟随驾驶盘变化

C．具有功率放大作用　　D．属于开环控制系统

3．下列系统不属于随动控制系统的是（　　）。

A．导弹发射架的方位控制系统　　B．船舶随动舵的控制系统

C．雷达天线的方位控制系统　　D．炉温自动控制系统

4．下列系统属于随动控制系统的是（　　）。

A．自动化流水线　　B．火炮自动跟踪系统

C．家用空调器　　D．家用电冰箱

5．在自动控制系统中，随动控制系统把（　　）的变化作为系统的输入信号。

A．测量值　　B．给定值　　C．偏差值　　D．干扰值

四、简答题

1．简述导弹发射架方位控制系统的被控对象、被控量和给定量，并画出系统的框图。

2．导弹发射架方位控制系统中，若把放大器的放大系数调得很大（但未饱和），系统将出现什么现象？请解释其原理。

3．简述船舶随动舵控制系统的工作原理，并画出其框图。

4．摄像机角位置自动跟踪系统原理图如图 2-3 所示，当光点显示器对准某个方向时，摄像机会自动跟踪并对准这个方向。试分析系统的工作原理，指出被控对象、被控量及给定量，画出系统框图。

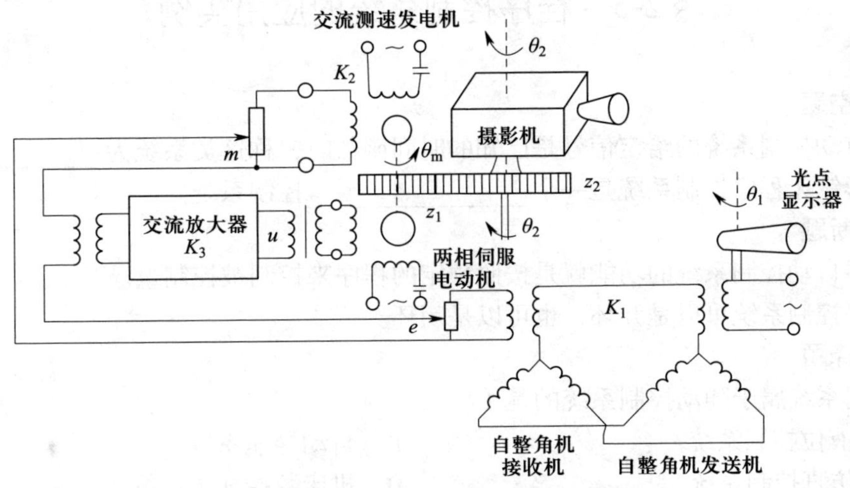

图 2-3　摄像机角位置自动跟踪系统原理图

5．试列举一个随动控制系统的例子，并说明它的工作原理。

§2-3　程序控制系统的应用实例

一、填空题

1．当自动控制系统的给定信号是已知的时间函数时，称这类系统为________________。

2．仿形铣床程序控制系统是一个________________控制系统。

二、判断题

1．程序自动控制系统的功能就是按照预定的程序来控制被控制量。（　　）

2．程序控制系统可以是开环，也可以是闭环。（　　）

三、选择题

1．下列系统属于随动控制系统的是（　　）。

A．液位控制系统　　B．自动导航系统

C．仿真控制系统　　D．机床数控加工系统

2．锅炉水位自动控制系统是（　　）。

A．程序控制系统　　B．随动控制系统

C．开环控制系统　　D．恒值控制系统

3．给定值是变化的，且变化规律不是预先规定好的控制系统是（　　）。

A．程序控制系统　　B．随动控制系统

C．开环控制系统　　D．恒值控制系统

4．发电机的原动机（柴油机）的速度控制系统是（　　）。

A．程序控制系统　　B．随动控制系统

C．开环控制系统　　D．恒值控制系统

四、简答题

简述空调器的工作原理，并说明它属于哪种控制系统。

§2-4 自动控制系统的性能要求

一、填空题

1．通常把系统受到扰动或给定值变化作用后，被控量由原来的平衡状态过渡到新的平衡状态的过程称为________________或________________。

2．工程上对自动控制系统的基本要求可归纳为________________、________________、________________三方面。

3．________________是指系统建立平衡状态后，被控量偏离期望值的误差大小。

4．如果系统最终的误差为零，称为______________系统；反之，称为______________系统。

二、判断题

1．稳定性是评价自动控制系统能否正常工作的首要指标。 （　　）

2．对实用系统来说，总是希望过渡过程时间越长越好。 （　　）

3．准确性描述了系统的稳态精度。 （　　）

三、选择题

1．下列选项中，属于稳定系统阶跃响应的是（　　）。

A.

B.

C.

2．下列选项中，（　　）不是自动控制系统的基本要求。

A．稳定性　　B．快速性　　C．准确性　　D．经济性

四、简答题

自动控制系统有哪些基本要求？试简述其相互之间的关系。

第三章　直流调速系统

§3-1　直流电动机的调速原理

一、填空题

1．直流电动机稳定运行时，电枢电流大小主要取决于＿＿＿＿＿＿＿＿＿。

2．根据直流电动机转速公式＿＿＿＿＿＿＿＿可知，直流电动机的调速方法有三种，即＿＿＿＿＿＿＿＿、＿＿＿＿＿＿＿＿和＿＿＿＿＿＿＿＿，其中以＿＿＿＿＿＿＿＿＿方式为最好。

3．调速系统是通过对＿＿＿＿＿＿＿＿＿的控制，将＿＿＿＿＿能转换成＿＿＿＿＿能，进而转换为其他形式的能，实现一系列控制。

二、判断题

1．直流电动机调压调速就是在功率恒定的情况下，用改变电枢电压的方法来改变电动机的转速。（　　）

2．调节可调直流电源的输出电压时，可以超过直流电动机的额定电压调速。（　　）

3．直流电动机调压调速和削弱磁场调速都可做到无级调速。（　　）

4．实际应用时，常把调压调速和削弱磁场调速结合起来使用，即在额定转速以上，以满磁调压调速。（　　）

5．直流电动机改变电源电压的调速方法能量损耗小，稳速性能好，是最常用的调速方法。（　　）

6．改变电枢回路电阻所需设备较简单，但属于有级调速，经济性能差。（　　）

7．直流电动机削弱磁场升速的前提条件是电枢电压不变。（　　）

三、选择题

1．直流电动机调压调速是指在励磁恒定的情况下，用改变（　　）的方法来改变电动机的转速。

A．电枢电阻　　B．电枢电压　　C．负载　　D．磁通

2．直流电动机削弱磁场调速就是用（　　）的方法，使电动机转速升高。

A．增大电枢电压　　B．增大电枢电阻

C．增大励磁磁通　　D．减小励磁磁通

3．直流电动机削弱磁场升速过程就是指当（　　）不变时，用减小磁通 Φ 的方法使电动机转速升高的调速过程。

A．电枢电压　　B．电枢电阻　　C．电动机功率　　D．电动机转矩

4．下列直流电动机调速方法中，能实现无级调速且调速范围最宽的方法是（　　）。

A．改变电源电压　　B．改变电枢回路电阻

C．改变励磁磁通　　D．改变电枢电流

四、简答题

1．直流电动机的调速方法有哪些？试比较它们的特点。

2．直流电动机稳定运行时，其电枢电流和转速取决于哪些因素？

3．请列举几种直流调速系统应用的场合。

4．画出直流电动机三种调速方式的电路图。

§3-2 直流调速系统的可控直流电源

一、填空题

1．在改变电源电压调速的方法中，常用的可控直流电源有______________________、__________________、直流斩波器和脉宽调制变换器。

2．旋转变流机组是由__________________和__________________组成的机组，以获得__________________。

二、判断题

1．G—M 系统的可逆运行是很容易实现的，它可以在允许的转矩范围内进行四象限运行。（　　）

2．V—M 系统四象限可逆运行时，需要用正、反两组全控整流电路。（　　）

三、选择题

1．由旋转变流机组构成的调速系统简称（　　）系统。

A．G—M　　B．AG—M　　C．AG—G—M　　D．CNC—M

2．与旋转变流机组相比，晶闸管—电动机调速系统的优点是（　　）。

A．高次谐波丰富　　B．可逆运行容易实现

C．控制作用快　　D．过电压和过电流能力小

3．晶闸管—电动机调速系统简称（　　），它是直流调速系统的主要形式。

A．G—M　　B．V—M　　C．PWM—M　　D．PFM—M

四、简答题

1．在直流调速系统中，常用的可控直流电源有哪些？什么是 V—M 系统？什么是 G—M 系统？

2．晶闸管—电动机调速系统的优缺点有哪些？

3. 什么是 PWM？简述 PWM 调速系统的特点。

§3-3 晶闸管—直流电动机调速系统的特征

一、填空题

1. 在应用 V—M 系统时，为抑制电流脉动可采取的主要措施有增加整流电压的________________和设置____________________。

2. 当 V—M 系统主电路串接的电抗器的电感量______________，而且电动机的负载电流也______________时，整流电流的波形便可能是连续的。

3. 当电流连续时，改变控制角 α，V—M 系统可以得到一组____________机械特性曲线。

4. 当电动机的电流较小时，由于电流的脉动，可能会出现电流为零的情况，即__________________。

5. V—M 系统采用三相整流电路，为抑制电流脉动，可采用的主要措施是________________。

二、判断题

1. 在晶闸管可控整流电路中，通过改变控制角 α 的大小，可以控制输出整流电压的大小。（ ）

2. V—M 系统中平波电抗器的电感量，一般按低速满载时保证电流连续的条件来选择。（ ）

3. 在晶闸管整流电路中，当晶闸管的控制角减小时，其输出电压平均值增大。（ ）

三、简答题

1. 晶闸管—直流电动机调速系统如果出现电流脉动，会对系统造成哪些影响？可以采取什么措施抑制？

2. 在可控整流电路的输出端，为什么要和电动机一起串联一个电抗器？

§3-4 反馈控制闭环调速系统的稳态分析

一、填空题

1. 对于调速系统的转速控制要求主要有________、________和________等三个方面。

2. 调速系统的稳态性能指标包括________和________，它们之间的关系式为________。

3. 某调速系统的调速范围是 1 000 ～ 100 r/min，要求静差率 S=2%，那么系统允许的静态速降是________。

4. 某直流调速系统电动机的额定转速 n_{nom}=1 430 r/min，额定速降 Δn_{nom}=115 r/min，要求静差率 $S \leqslant 30\%$，则系统允许的最大调速范围为________。

5. 晶闸管—电动机调速系统按控制方法不同，可以分为________直流调速系统和________直流调速系统。

6. 开环控制系统的特征是系统的控制输入________输出的影响，适用于精度要求________的场合；闭环控制系统的特征是系统的控制输入________输出的影响，适用于精度要求________的场合。

7. 闭环控制系统为了稳定输出，通常引入________反馈，此时给定输入信号和反馈信号的极性________。

8. 单闭环控制系统是在开环控制系统的基础上增加了________和________两部分。

9. 当负载发生波动时，经转速负反馈调整稳定后的转速将________原来的转速。

10. 增加转速负反馈后，闭环调速系统的转速减小为开环时的________倍，静差率减小为开环时的________倍，调速范围增大为开环时的________倍。要获得以上三项优点，闭环系统必须设置________。

11. 直流电动机稳速运行时，当负载转矩 T_L 增大时，直流电动机的转速将________。

二、判断题

1. 调速范围和静差率是调速系统的两个互不相关的调速指标。（　　）

2. 调速系统的调速范围，是指在最高速时还能满足所需静差率的转速可调范围。（　　）

3. 静差率是用来表示转速的相对稳定性的。（　　）

4. 直流调速系统的静差率和机械特性没有区别，都是用转速降和理想空载转速的比值

来定义的。 (　　)

5. 调速系统的静差率指标应以最低速时所能达到的数值为准。 (　　)

6. 系统的稳定性分析一般只针对闭环系统，开环系统一般不存在稳定性的问题。(　　)

7. 调速系统的调速范围是指电动机在理想空载条件下，能达到的最高转速与最低转速之比。 (　　)

8. 开环调速系统对于负载变化引起的转速变化不能自动调节，但对其他外界扰动是能自动调节的。 (　　)

9. 在开环控制系统中，由于系统没有闭合回路，因此系统的输出量对系统的控制作用没有直接影响。 (　　)

10. 开环调速系统的机械特性越硬，特性曲线斜率越小，系统的性能越好。 (　　)

11. 直流电动机的电枢供电电压越大，理想空载转速越低。 (　　)

12. 闭环调速系统采用负反馈控制，是为了提高系统的机械特性硬度，扩大调速范围。 (　　)

13. 转速负反馈调速系统能够有效抑制一切被包围在负反馈环内的扰动作用。 (　　)

14. 转速负反馈调速系统中，转速反馈电压极性总是与转速给定电压的极性相反。 (　　)

15. 自控系统开环放大倍数越大越好。 (　　)

16. 在有差调速系统中，扰动对输出量的影响只能得到部分补偿。 (　　)

17. 在转速负反馈系统中，闭环系统的转速降将减小为开环系统转速降的$\frac{1}{1+K}$。(　　)

三、选择题

1. 静差率和机械特性的硬度有关，当理想空载转速一定时，机械特性越硬则静差率(　　)。

A. 越小　　B. 越大　　C. 不变　　D. 不确定

2. 某直流调速系统的额定最高转速为 1 440 r/min，调速范围为 10，静差率为 0.1，则额定负载时调速系统的转速降为(　　) r/min。

A. 8　　B. 13　　C. 16　　D. 20

3. 调速系统的静态速降 Δn_{nom} 一定时，静差率 S 越小，则(　　)。

A. 调速范围 D 越小　　B. 额定转速 n_{nom} 越大

C. 调速范围 D 越大　　D. 额定转速 n_{nom} 越小

4. 某调速系统的调速范围为 1 500 ～ 150 r/min，要求静差率为 0.02，则该系统的静态速降是(　　) r/min。

A. 3　　B. 5　　C. 10　　D. 30

5. 某直流调速系统的最高理想转速为 1 500 r/min，最低理想空载转速为 250 r/min，额定负载静态速降为 50 r/min，则该系统的调速范围为(　　)。

A. 5　　B. 6　　C. 7　　D. 8

6. 与开环控制系统相比较，闭环控制系统的特征是系统有(　　)。

A. 执行元件　　B. 控制器　　C. 放大元件　　D. 反馈环节

7. 在转速负反馈系统中，当开环放大倍数 K 增大时，转速降落 Δn 将（　　）。

A. 增大　　B. 不变　　C. 减小　　D. 不确定

8. 当晶闸管—直流电动机有静差调速系统稳定运行时，速度反馈电压的数值（　　）速度给定电压。

A. 小于　　B. 大于　　C. 等于　　D. 不确定

9. 自动控制系统中反馈检测元件的精度对控制系统的精度（　　）。

A. 无影响　　B. 有影响　　C. 不确定

10. 在转速负反馈调速系统中，当负载变化时，电动机的转速也跟着变化，原因是（　　）。

A. 整流电压变化　　B. 温度变化

C. 控制角变化　　D. 电枢回路电压降变化

11. 在转速负反馈直流调速系统中，若给定电压增大，则电动机转速（　　）。

A. 下降　　B. 不变　　C. 上升

12. 在转速负反馈直流调速系统中，闭环系统的转速降为开环系统转速降的（　　）。

A. K 倍　　B.（$1+K$）倍　　C. $\dfrac{1}{K}$　　D. $\dfrac{1}{1+K}$

13. 在直流调速系统中，若要使开环和闭环系统的理想空载转速相同，则闭环系统的给定电压要比开环系统相应地提高（　　）倍。

A. K　　B. $1+K$　　C. $\dfrac{1}{K}$　　D. $\dfrac{1}{1+K}$

14. 对直流电动机调速系统来说，主要的扰动来自（　　）。

A. 电网电压的波动　　B. 负载阻力转矩的变化

C. 元件参数随温度发生的变化　　D. 给定量发生的变化

15. 转速负反馈调速系统稳定运行过程中，转速反馈线突然断开，电动机的转速会（　　）。

A. 升高　　B. 降低　　C. 不变　　D. 不确定

四、简答题

1. 什么是调速范围和静差率？两者之间有什么关系？

2. 闭环系统的静特性与开环系统的机械特性相比具有哪些特点？

3．反馈控制系统的基本特征有哪些？

4．在晶闸管供电的单闭环调速系统中，如果反馈信号断线，会产生怎样的后果？为什么？

5．在转速负反馈调速系统中，当电网电压、负载转矩、电动机励磁电流、电枢电阻、测速发电机励磁等各量发生变化时，都会引起转速的变化，转速负反馈调速系统对上述各量有无调节能力？为什么？

五、计算题

1．某调速系统的最高转速为 n_{max}=1 500 r/min，最低转速为 n_{min}=150 r/min，带额定负载的速度降落 Δn_{nom}=15 r/min，且不同转速下额定速降 Δn_{nom} 不变，则系统能够达到的调速范围有多大？系统允许的静差率是多大？

2．某直流调速系统的电动机额定转速 n_{nom}=960 r/min，额定转速降为 Δn_{nom}=75 r/min，要求静差率 $S \leqslant 20\%$，则系统允许的调速范围为多少？若要求静差率 $S \leqslant 10\%$，则最低运行速度及调速范围分别是多少？

3．某直流调速系统的电动机额定转速 n_{nom}=1 430 r/min，额定速降 Δn_{nom}=115 r/min，当要求静差率 $S \leqslant 30\%$ 时，系统允许的调速范围有多大？如果要求静差率 $S \leqslant 20\%$，则系统的最低运行速度及调速范围分别是多少？

4．某闭环调速系统的调速范围是 1 500 ～ 150 r/min，要求系统的静差率 $S \leqslant 5\%$，那么系统允许的静态速降是多少？如果开环系统的静态速降是 100 r/min，则闭环系统的开环放大倍数为多大？

5．有一个 V—M 调速系统，已知其电动机的参数为 P_{nom}=2.2 kW，U_{nom}=220 V，I_{dnom}=12.5 A，n_{nom}=1 500 r/min，电枢电阻 R_a=1.2 Ω，整流装置内阻 R_{rec}=1.5 Ω，触发整流环节的放大倍数 K_s=35。要求系统满足调速范围 D=20，静差率 $S \leqslant 10\%$。试求：

（1）开环系统的静态速降 Δn_{op} 和调速要求所允许的闭环静态速降 Δn_{cl}；

（2）画出转速负反馈系统的静态结构图；

（3）要求转速负反馈系统的反馈系数 α=0.01 V · min/r 时，放大器所需的放大倍数。

§3-5 电压反馈电流补偿控制的调速系统分析

一、填空题

1．在直流调速系统应用中，对精度要求不高的场合可用电压负反馈代替转速负反馈，其反馈信号取自________________________。

2．在电压负反馈直流调速系统中，当给定电压 U_g 减小时，直流电动机的转速________；保持给定电压 U_g 不变，当负载增加时，直流电动机的转速____________。

3．电流正反馈和电压负反馈是性质完全不同的两种控制作用。电压负反馈属于____________，而电流正反馈属于____________。

4．电流正反馈根据补偿效果的不同，可以分为__________、__________和__________。系统设计时，常采用的是__________。

二、判断题

1．电压负反馈调速系统的结构比转速负反馈调速系统的结构简单，性能也比后者优越。（　）

2．电压负反馈调速系统的静态速降比转速负反馈调速系统的静态速降要大一些，因此稳定性能差一些。（　）

3．为了减少静态速降，使调速效果更好，在电压负反馈调速系统中，电压反馈的两根引出线应尽量靠近电动机电枢两端。（　）

4．电压负反馈调速系统对直流电动机电枢电阻、励磁电流发生变化带来的转速变化无法进行调节。（　）

5．电压负反馈自动调速系统在一定程度上起到了自动稳速作用。（　）

6．电压负反馈调速系统的静特性优于同等放大倍数的转速负反馈调速系统。（　）

7．电流正反馈是一种对系统扰动量进行补偿控制的调速方法。（　）

8．调速系统中的电流正反馈，实质上是一种负载转矩扰动前馈补偿校正，属于补偿控制，而不是反馈控制。（　）

9．反馈控制只能使静差尽量减小，补偿控制却能使静差完全消除，所以补偿控制优于反馈控制。（　）

10．在带有电流正反馈的电压反馈调速系统中，电流正反馈对负载扰动和电压波动都能给予补偿。（　）

11．在电压负反馈加电流正反馈的直流调速系统中，引入电流补偿装置是为了抑制反馈环内整流装置的内阻引起的静态速降。（　）

三、选择题

1．电压负反馈调速系统能够通过稳定直流电动机的电枢电压来达到稳定转速的目的，其原理是电枢电压的变化与（　　）。

A．转速的变化成正比　　B．转速的变化成反比

C．转速变化的平方成正比　　D．转速变化的平方成反比

2．在自动调速系统中，电压负反馈主要补偿的是（　　）上电压的损耗。

A．电枢回路电阻　　B．电源内阻　　C．电枢电阻　　D．电抗器电阻

3．在电压负反馈直流调速系统中，电压负反馈可把被反馈环包围的整流装置的内阻等引起的静态速降调整为原来的（　　）。

A．K 倍　　B．$1/K$　　C．$1/(1+K)$　　D．$1+K$ 倍

4．在电压负反馈加电流正反馈的直流调速系统中，电压反馈检测元件电位器和电流反馈的取样电阻，在电路中的正确接法是（　　）。

A．前者串联在电枢回路中，后者并联在电枢两端

B．前者并联在电枢两端，后者串联在电枢回路中

C．二者都并联在电枢两端

D．二者都串联在电枢回路中

5．在电压负反馈加电流正反馈的直流调速系统中，电流正反馈（　　）补偿控制，（　　）反馈控制。

A．是　也是　　B．不是　是

C．是　不是　　D．不是　也不是

6．在自动调速系统中，电流正反馈主要补偿的是（　　）上电压的损耗。

A．电枢回路电阻　　B．电源内阻　　C．电枢电阻　　D．电抗器电阻

7．关于直流调速系统中电流正反馈的作用，下列描述错误的是（　　）。

A．可以独立进行速度调节

B．可以补偿电枢电阻上的电压降

C．对负载扰动有补偿作用

D．是调速系统中的补偿环节

8．在设计带电流正反馈的电压负反馈单闭环直流调速系统时，为了保证系统的稳定性，一般采用的电流补偿控制方式是（　　）。

A．全补偿　　B．欠补偿　　C．过补偿　　D．负反馈

四、简答题

1．试比较电压负反馈单闭环直流调速系统与转速负反馈单闭环直流调速系统的特点。

2．简述反馈控制和补偿控制的区别。

3．在调速系统中，若单独使用电流正反馈能否实现自动调速？为什么？

4．在电压负反馈单闭环有静差调速系统中，当下列参数发生变化时，系统是否有调节作用，为什么？

（1）放大器的放大系数 K；

（2）供电电网电压；

（3）电枢电阻 R_a；

（4）电动机的励磁电流；

（5）电压反馈系数。

五、分析题

绘制晶闸管供电的他励直流电动机带测速发电机的单闭环电压负反馈调速系统原理图，并分析当负载转矩减小时，电压负反馈直流调速系统的自动调节过程。

第四章　直流可逆调速系统

§4-1　直流调速可逆线路

一、填空题

1．要改变电动机转矩的方向有两种方法：一是改变电枢电流 I_d 的方向，即＿＿＿＿＿＿＿＿＿＿＿＿；二是改变电动机励磁磁通 Φ 的方向，即＿＿＿＿＿＿＿＿＿＿。

2．V—M 系统的晶闸管装置工作在＿＿＿＿＿＿＿＿状态时，向电动机输出电能；工作在＿＿＿＿＿＿＿＿状态时，向电网回馈电能。

3．可逆调速系统的四象限运行分别是正向运行、正向制动、＿＿＿＿＿＿＿＿和反向制动，分别对应第＿＿＿＿象限、第＿＿＿＿象限、第＿＿＿＿象限和第＿＿＿＿象限。

二、判断题

1．可逆直流调速系统常用于不要求正反转的场合。（　　）

2．在 V—M 励磁可逆调速系统中，由于接触器切换的反接线路相对比较简单、经济，因此比较常用。（　　）

3．在 V—M 可逆调速系统中，励磁反接可逆线路要比电枢反接可逆线路经济实惠。（　　）

4．励磁反接可逆线路只适用于对快速性要求不高、正反转不频繁的大容量可逆系统。（　　）

5．在可逆调速系统的四象限运行中，第二象限是反向运行。（　　）

6．在可逆调速系统中，不管是运行还是制动电动机都是吸收能量的。（　　）

7．在 V—M 调速系统中，即使不要求电动机反转，而只要求电动机快速回馈制动，也应有两组反并联的晶闸管装置。（　　）

三、选择题

1．要使他励直流电动机反转，应选择（　　）的方法来实现。

A．改变电枢回路电压大小　　B．在电枢回路串接电阻

C．在励磁回路串接电阻　　D．改变电枢回路或励磁回路电压极性

2．在可逆调速系统的主电路中，环流是（　　）负载的。

A．不流过　　B．正向流过

C．反向流过　　D．正向与反向交替流过

3．在有环流可逆调速系统中，均衡电抗器的作用是（　　）。

A．限制静态环流　　B．使主回路电流连续

C．用来平波　　D．限制脉动环流

4．在有环流可逆调速系统中，若正组晶闸管处于整流状态，则反组晶闸管必然处于（　　）状态。

A．待逆变　　B．逆变　　C．待整流　　D．整流

5. 在两组晶闸管反并联的V—M可逆调速系统中，再大的环流也不会损坏（　　）。

A. 晶闸管　　B. 电动机　　C. 变压器　　D. 以上都正确

四、简答题

1. 晶闸管装置实现逆变的条件是什么?

2. 晶闸管—电动机调速系统需要快速回馈制动时，为什么必须采用可逆线路?

§4-2　电枢可逆逻辑无环流调速系统的分析

一、填空题

1. 在电枢可逆逻辑无环流调速系统中，当一组晶闸管工作时，另一组晶闸管处于__________状态，从根本上切断了__________的通路。

2. 逻辑控制器DLC是由__________、__________、延时电路和联锁保护电路组成的。

二、判断题

1. 在可逆调速系统中，环流是有害的，必须全部消除。（　　）

2. 电枢可逆逻辑无环流调速系统中没有设置环流电抗器。（　　）

3. 转矩极性鉴别器常采用由运算放大器经正反馈组成的施密特电路来检测速度调节器的输出电压。（　　）

三、选择题

1. 逻辑无环流可逆调速系统与自然环流可逆调速系统在主回路上的主要区别是（　　）。

A. 增加了逻辑装置　　B. 取消了环流电抗器

C. 采用了交叉连接线路　　D. 采用了反并联接法

2. 在逻辑无环流可逆调速系统中，逻辑装置有以下工作状态：①检测主回路电流信号为零；②检测转矩极性变号；③经过“触发等待时间”的延时后，发出开放原来未工作的晶闸管装置的信号；④经过“关断等待时间”的延时后，发出封锁原来工作的晶闸管装置的信号。以上过程的正确顺序是（　　）。

A．①→②→③→④　　B．①→②→④→③

C．②→①→④→③　　D．②→①→③→④

四、简答题

电枢可逆逻辑无环流调速系统实现无环流的原理是什么？

§4-3　直流调速器

一、填空题

1．直流调速器是一种________直流电机调速装置，集电源、控制、驱动电路于一体。

2．西门子 6RA70 系列直流调速装置是为三相交流电源直接供电的________控制装置，主要用于可调速直流电机________和________供电。

二、选择题

1．数字直流调速器主要用于调节直流电动机速度，上端和交流电源连接，下端和直流电动机连接，将交流电转化成两路输出直流电源分别供给（　　）。

A．励磁、电枢　　B．励磁、反馈测速器

C．电枢、反馈测速器　　D．控制器、反馈测速器

2．数字直流调速器作为目前应用范围较广的直流调速器，在很大程度上替代了原来传统的模拟直流调速系统，其调速方式一般采用（　　）调速。

A．改变电枢回路电阻　　B．改变励磁绕组电压

C．改变电枢电压　　D．改变电枢电流

3．西门子 6RA70 直流调速器首次使用时，必须输入一些现场参数，主要是（　　）。

A．基本工艺功能参数　　B．电动机铭牌数据

C．优化运行参数　　D．电动机过载监控保护参数

第五章　异步电动机的调速系统

§5-1　变频调速的基础知识

一、填空题

1．变频调速是指通过连续地改变供电电源的________________，平滑地调节电动机的________________。

2．异步电动机变频调速时，常用的控制方式有____________控制方式、____________控制方式、________________控制方式。

3．保持 U_1/f_1 恒定的控制方式称为________________控制方式，采用 E_1/f_1= 常数的控制方式，称为________________控制方式。

二、判断题

1．在基频以下调速时，U_1/f_1= 常数，可使最大转矩 T_{max} 增大。（　　）

2．恒磁通变频调速时多采用补偿的办法。（　　）

3．恒功率调速也称为恒压变频调速。（　　）

4．恒流控制方式只适用于负载变化不大的场合。（　　）

三、选择题

1．对于恒转矩负载，调速过程中多采用（　　）控制方式。

A．恒压频比　　B．恒功率

C．恒流　　D．恒频率

2．对于风机类负载，调速过程中多采用（　　）控制方式。

A．恒压频比　　B．恒磁通

C．恒功率　　D．恒流

3．电动机从基频以上调的变频调速属于（　　）调速。

A．恒转矩　　B．恒磁通　　C．恒功率　　D．恒转差率

4．对于变频调速系统，无论是从基频以下还是从基频以上调速，机械特性都是（　　）。

A．平行左右移动　　B．平行上下移动

C．交叉移动　　D．无规则移动

四、简答题

1．为什么改变异步电动机定子供电频率，可以调节异步电动机的转速？

2．异步电动机变频调速时，如果只从调速角度考虑，仅改变f_1是否可行？为什么？在实际应用中，如果不调节U_1，会出现什么问题？

3．画出异步电动机变频调速时，基频以下和基频以上调速时的机械特性曲线。

§5-2　变频器的分类及工作原理

一、填空题

1．变频器是一种将工频交流电变为________和________可调的三相交流电的电气设备。

2．变频器按照变换环节分类，可分为________变频器和________变频器；按电压的调制方式分类，可分为________变频器和________变频器；按直流环节的储能方式分类，可分为________变频器和________变频器。

3．变频器输出电压的额定值是指输出电压中的________值。

4．变频器的频率范围是指变频器输出的________和________。

二、判断题

1．应用变频器的目的就是为了节能。（　　）

2．变频器实质上就是一个电源装置。（　　）

3．电压型交—直—交变频器直流环节的储能元件是电感线圈。（　　）

4．通用变频器频率指标中，频率精度是指变频器输出频率的最小改变量，它描述的是变频器的准确程度。（　　）

5．电流型变频器的输出电流波形近似正弦波。（　　）

6．电压型变频器不能直接实现反馈制动，需要附加反并联逆变器，向电网反馈电能。（　　）

三、选择题

1．交—交变频器仅适用于（　　）的拖动系统中。

A．高速小容量　　B．低速小容量

C．低速大容量　　D．高速大容量

2．逆变电路是（　　）变换器。

A．AC/DC　　B．AC/AC　　C．DC/DC　　D．DC/AC

3．电压型逆变器的输出电压波形为（　　）。

A．正弦波　　B．锯齿波　　C．矩形波　　D．直线

4．变频器输出电压波形的变化规律是（　　）。

A．当输出频率变化时，输出电压的幅值一定变化

B．当输出频率变化时，输出电压的幅值不一定变化

C．当输出频率大于额定频率时，输出电压变小

D．当输出频率大于额定频率时，输出电压变大

四、简答题

1．变频器的作用是什么？

2．请画出交—直—交变频器和交—交变频器的示意图，并指出它们有什么特点。

3．电压型变频器和电流型变频器的主要区别是什么？它们各有什么特点？

4．180° 导通型逆变器和 120° 导通型逆变器各有什么特点？

五、计算题

某交—直—交电压型变频调速系统，要求逆变器的输出线电压基波有效值为 380 V，分别采用 180° 导通型逆变器和 120° 导通型逆变器，其直流侧电压 U_d 分别为多少？

§5-3 转速开环变频调速系统

一、填空题

1．交—直—交电压型逆变器的频率开环调速系统，有三种输出电压的控制方式，分别是________________、________________、________________。

2．交—直—交电流型逆变器的特点是中间环节采用________________滤波。

3．________________是将电压、频率恒定的三相交流电源，直接变成电压、频率可调的三相交流电源，供给________________。

二、判断题

1．在调速性能要求不高的场合，可以采用转速开环变频调速系统。（　　）

2．电压型逆变器频率开环调速系统中，电压控制回路控制整流桥的输出电压大小，频率控制回路控制逆变桥的输出频率大小。（　　）

3．电流型逆变器的输出电压波形为矩形波，输出电流波形接近于正弦波，可以实现回馈制动。（　　）

4．绝对值运算器是将正、负极性的输入信号变为单一极性的输出信号。（　　）

5．在实际工作中，变频调速系统设定的电动机加减速时间越短越好。（　　）

6．在为转速开环变频调速系统选择电动机时，考虑到高次谐波的影响，应适当加大电动机的容量。（　　）

三、选择题

1．在交—直—交电压型逆变器的频率开环调速系统中，PWM逆变器调压控制方式中的逆变器可以实现（　　）功能。

A．调压　　B．调压、调频

C．调频　　D．调压、调频、逆变

2．在交—直—交电压型逆变器的频率开环调速系统中，交—直部分采用可控整流的是（　　）。

A．可控整流器调压　　B．直流斩波器调压

C．PWM逆变器调压　　D．异步电动机串电阻调压

3．在电压型逆变器频率开环调速系统中，（　　）控制单元将阶跃给定信号转变为斜坡信号。

A．给定积分器　　B．函数发生器

C．压频变换器　　D．环形分配器

4．在电压型逆变器频率开环调速系统中，（　　）控制单元把电压信号转换为相应频率的脉冲信号。

A．给定积分器　　B．函数发生器

C．压频变换器　　D．环形分配器

5．在电流型逆变器频率开环调速系统中，（　　）进行瞬态的补偿调节。

A．函数发生器　　B．脉冲输出级

C．逻辑开关　　D．瞬态校正环节

四、简答题

1．在变频调速系统中，绝对值运算器、给定积分器、函数发生器、压频变换器、环形分配器等各单元的作用和基本原理分别是什么？

2. 在转速开环变频调速系统中，为什么要设置瞬态校正环节？

3. 变频调速系统的动态校正与直流双闭环系统有何异同？

§5-4 异步电动机转差频率控制系统

一、填空题

1. 转差频率控制的基本原理是保持__________恒定，对__________实施控制。

2. 在转差频率控制变频调速系统中，采用__________逆变器是控制系统的特点之一。

3. 在转差频率控制变频调速系统启动瞬间，转速调节器 ASR 输出达到限幅值，系统输出____________。

二、判断题

1. 调速系统应具有较高的稳态精度和动态性能，一般采用转速闭环的变频调速系统。（　　）

2. 转差频率控制变频调速系统很难确保气隙磁通恒定。（　　）

3. 转差频率控制变频调速系统能有效避免转速的检测误差导致的系统特性偏离。（　　）

三、选择题

1. 在速度闭环中，一般采用（　　）调节器使系统实现稳态无静差。

A．比例　　B．积分

C．比例积分　　D．微分

2. 在转差频率控制变频调速系统启动过程中，转速调节器 ASR（　　）。

A．始终处于调整状态　　B．达到饱和状态

C．调整后进入饱和状态　　D．先达到饱和状态，再退出饱和状态

3．下列选项中，不属于转差频率控制变频调速系统特点的是（　　）。

A．调速精度和动态性能要求不高　　B．闭环控制可实现无静差

C．静、动态性能要求较高　　D．具有限制过电流能力

四、简答题

1．转差频率控制方式的基本原理是什么？

2．转差频率控制的规律是什么？

3．试分析转差频率控制变频调速系统的启动和回馈制动过程。

§5-5　异步电动机矢量控制变频调速系统

一、填空题

1．像直流电动机那样控制三相交流电动机，得到与直流电动机一样优良控制特性的方法，称为________________。

2．节能运行只能用于________________控制方式，不能用于矢量控制方式。

二、判断题

1．转差频率控制式矢量控制系统的性能能达到直流双闭环控制系统的水平。（　　）

2．变频调速系统矢量控制模式下，一台变频器可以带多台电动机。（　　）

3．矢量控制是变频调速系统控制方式的一种。（　　）

三、选择题

以下调速系统的静态和动态调速性能最佳的是（　　）。

A．交—直—交电压型逆变器频率开环调速系统

B．交—直—交电流型逆变器频率开环调速系统

C．转差频率控制变频调速系统

D．矢量控制变频调速系统

四、简答题

1．简述矢量控制变频调速系统的基本控制思想。

2．既然矢量控制变频调速系统的性能要优于基本 *U*/*f* 控制变频调速系统，那为什么在很多应用场合人们还是会选择基本 *U*/*f* 控制变频调速系统？

§5-6　异步电动机直接转矩控制变频调速系统

一、填空题

1．直接转矩控制与矢量控制不同，它是把________________直接作为被控量来控制。

2．变频调速系统的四种控制方式分别是_________、_________、_________、_________。

二、判断题

1．直接转矩控制变频器有比矢量更优异的调速性能。　　（　　）

2．直接转矩控制利用转矩偏差和转子磁链幅值偏差的符号，根据当前定子磁链矢量所在的位置，直接选取合适的定子电压矢量，实施电磁转矩和定子磁链的控制。　　（　　）

三、简答题

1. 简述异步电动机直接转矩控制变频调速系统的基本原理。

2. 简述直接转矩控制系统的特点。